AF313153

INSTRUCTION
ÉLÉMENTAIRE

POUR APPRENDRE DE SOI-MÊME,

PAR UNE LECTURE DE QUELQUES MINUTES,

LE NOUVEAU SYSTÊME
DES MESURES

DE LA RÉPUBLIQUE FRANÇAISE;

Ouvrage présenté au Corps législatif et au Directoire :

2ᵉ. ÉDITION.

Ou y a joint une petite Instruction pour apprendre également de soi-même à connaître la maniere d'exprimer, en *calcul décimal*, les fractions des nouvelles mesures, quelles qu'elles soient, ainsi que deux Tables transformatives, l'une pour l'*aune de Paris* en *mètre*, et l'autre pour la *voie de bois* en *stère*.

PAR LE Cᴱᴺ. AUBRY,

Géomètre, *Auteur du* Comparateur linéaire universel.

A PARIS,

Chez l'AUTEUR, quai des Augustins, nᵒ. 42.

———

AN VI.

AVANT-PROPOS.

Un peuple qui a terrassé tous ses ennemis, ne doit pas pâlir devant les mots d'une science nouvelle ; il doit au contraire en affronter toutes les difficultés, s'il y en a toutefois à se familiariser avec quelques termes, et à apprendre la signification d'une virgule et de quelques zéros placés devant des chiffres.

Il lira donc attentivement l'instruction suivante, qui le dispensera de toutes celles qu'il est obligé de se procurer chaque fois qu'il se déplace (1). L'auteur en a banni tout ce qui pouvait ressembler à de la science. Il a pensé qu'une institution qui devait être à l'usage des hommes les moins instruits, ne devait présenter que des élémens simples et des principes que tout le monde pût saisir.

Aussi n'est-il aucunement de l'avis de ceux

---

(1) On ne fait pas, en effet, un pas dans la France, ni dans l'Étranger, qu'on ne soit obligé de demander aussi-tôt : combien l'*aune* a-t-elle ici de pieds ? combien la *toise* ? combien l'*arpent* ? combien le *boisseau* ? etc. Et remarquez que le plus souvent ce sont ceux qui sont obligés de faire ces sortes d'études qui déclament le plus contre la nécessité d'apprendre le nouveau système. Il est vrai qu'ils changeront vraisemblablement de langage quand ils auront lu cette instruction.

A 2

qui exigent que des MILLIONS d'*artisans*, de *manouvriers*, de *cuisinieres*, NE SACHANT PAS LIRE, se trouvent sans cesse abasourdis par les éternelles consonnances du *mètre*, de l'*are*, du *litre*, du *stère* et du *gramme*, et soient exposés à prendre à chaque instant un *myriamètre* pour un *millimètre*, un *are* pour un *hectare*, un *décalitre* pour un *décilitre*, un *kilogramme* pour un *hectogramme*, et généralement toutes les nouvelles mesures les unes pour les autres.

Il a donc tellement simplifié le systême, que le moins instruit, *qui sait lire*, pourra l'apprendre de lui-même, et instruire par ce moyen ceux qui ne le savent pas.

Il devait s'occuper d'autant plus de cet important objet, qu'il a cru remarquer que la répugnance du vulgaire, pour le nouveau systême, venait de ce qu'il ne comprenait rien à la virgule ni au zéro qui la précede souvent, non-plus qu'à ceux qui la suivent immédiatement, quand il est question d'exprimer les plus petites fractions, comme des *milliemes*, des *dix-milliemes*, des *cent-milliemes*, des *millionemes*, etc. etc. Aussi est-il assuré que dorénavant personne ne se récriera sur les difficultés du *calcul décimal*, et qu'au contraire chacun s'empressera d'anéantir ces insignifiamtes fractions du *tiers*, du *quart*, du *sixieme*, du *douzieme*, du *seizieme*, etc., qui présentent tant de confusion dans l'esprit, notamment les *fractions de fractions* (1).

Il se gardera bien, dans cette 2e. édition, de parler de ses détracteurs. Il est trop satisfait de l'accueil que le public a fait à ses travaux, pour les entacher dorénavant par des personnalités ; elles feraient croire qu'il est mû par des passions haineuses, tandis que son seul desir est de concourir à l'établissement de la plus superbe institution. Il s'attachera donc à cet unique objet ; et quoiqu'on l'ait accusé tout récemment, dans le *Journal de Paris*, de *dire des injures*, et d'introduire huit mots nouveaux qui, dit-on, *ne sont pas mal singuliers* (2). Il se bornera, sur le premier article, à dire qu'il n'a jamais injurié personne, et sur le deuxieme, qu'il tiendra toujours, non à ces huits mots *singuliers* qu'il abandonne volontiers à ceux qui voudront

---

(1) Telles qu'un *tiers et demi*, un *quart et demi*, et mille autres que le peuple ne sait pas réunir en une seule.

(2) Ne sont-ce pas plusôt les mots *double-décimetre, double-hectolitre, double-décalitre, double-myriagramme*, etc. etc., remplaçant les mots *pied, poinçon, boisseau, poids de 50*, etc. etc., qui ne *SONT PAS MAL SINGULIERS*, sur-tout quand on a l'expérience (ainsi que je l'ai dit au Corps législatif) que des milliers de gens (je devais dire des millions) ne savent pas distinguer un *barometre* d'un *thermometre*. Oui, voilà ce qui *n'est pas mal singulier*, et non des mots qui n'ont contr'eux que la défaveur d'être entendus pour la première fois.

en donner de meilleurs, mais à la méthode d'instruction dont ils sont les élémens, et qui réduisent réellement le systéme à cinq mots primitifs, tandis que ses antagonistes suent sang et eau pour réduire en apparence les soixante-douze noms du systême à trente-trois, et ne nous faire en réalité grace d'aucun. (*Voyez le dernier rapport de* PRIEUR *de la Côte-d'or, du 25 germinal an 6.*)

INSTRUCTION
ÉLÉMENTAIRE

Pour apprendre de soi-même, par une lecture de quelques minutes, le nouveau Systême des mesures de la République Française.

Les noms des nouvelles mesures, dont on se fait un si grand fantôme, se réduisent à *seize*, savoir:

Cinq primitifs de première classe,

Trois primitifs de deuxième classe,

Et *huit* dérivés.

On en compte à la rigueur *dix-neuf;* mais comme les trois de surplus n'appartiennent pas à l'usage habituel du peuple, et qu'ils ne servent qu'à l'affinage des métaux, on ne fait que les indiquer purement et simplement.

Des cinq noms primitifs de première classe.

Les cinq noms primitifs de première classe sont ceux qui suivent :

Le MONO, autrement l'unité fondamentale (1).

Le DÉCA, le valant dix fois.

L'HECTO, le valant cent fois.

Le KILO, le valant mille fois.

Et le MYRIA, le valant dix mille fois (2).

---

(1) Ce nom ne se trouve pas, à la vérité, dans le décret; mais comme ce ne peut être qu'une erreur de rédaction, puisque le *déca*, l'*hecto*, le *kilo* et le *myria*, indiquent suffisamment son existence, on a cru devoir l'établir ici sauf à ne l'employer qu'élémentairement, si on ne veut pas le considérer comme nom propre. (Voyez au surplus mon ouvrage intitulé : le Systême des nouvelles mesures, mis à la portée de tout le monde).

(2) De ces cinq mots, il n'y a absolument que les trois derniers qu'il faille apprendre ; savoir : l'*hecto*, le *kilo* et le *myria;* car pour le MONO, il n'est personne à qui il ne soit familier. On le prononce en effet dans *mono-syllabe*, pour désigner une seule syllabe; dans *monologue*,

Des trois mots primitifs de seconde classe.

Ces trois mots sont ceux qui suivent :

Le DÉCI, qui exprime le dixième du *mono.*

Le CENTI, qui en exprime la *centieme* partie.

Et le MILLI, qui en exprime la *millieme partie* (1).

Des huit mots dérivés.

Il devrait, à la rigueur, y en avoir seize, puisque chacun des mots primitifs qui précedent sont de nature à présenter leur *double* et leur *moitié ;* mais il n'y a exactement que le *kilo,* l'*hecto,* le *déca,* le *mono* et le *déci* qui soient dans ce cas ; encore le *kilo* ne présente-t-il pas de *double,* et le *déci* de *moitié.*

Ainsi il y a par ce moyen,

Le DEMI-KILO, valant 500 fois le *mono.* (On peut l'abréger en disant *mi-kilo,* et même *milo* (2).

---

pour désigner un discours prononcé par une personne seule, et dans *monotone,* pour exprimer une chose ennuyeuse par son uniformité, etc. Quant au DÉCA, tout le monde en connaît aujourd'hui la signification : on sait qu'il exprime dix fois une chose, comme la *décade* qui exprime dix fois un jour.

(1) Ces mots ne sont pas nouveaux; ils sont connus : ce sont les premieres lettres des mots *déci*me, *centi*eme et *milli*eme, que chacun connaît. On n'aura donc pas de peine à les retenir.

(2) On ne manquera pas de bien se récrier sur les abréviations qui vont suivre, de les trouver bien ridicules, et de dire sur-tout qu'elles sont contraires au *génie* de notre langue; mais moi qui sais que tout mot nouveau paraît toujours ridicule, quel qu'il soit, et que le vrai génie d'une langue c'est son utilité, je dirai comme le citoyen *Borda,* que si l'on avait pu composer la nomenclature du systême des nouvelles mesures de tous mots d'une syllabe, il n'en aurait été que meilleur. En effet, le mot *pot* vaut bien pour l'usage celui de *double-litre* ou de *demi-décalitre;* le mot *pied* celui de *double-décimetre;* et le mot *sac* celui de *double-hectolitre.* Or, je voudrais bien savoir ce qu'il y a de génie dans *pot,* dans *pied,* dans *sac,* dans *broc,* dans *acre,* dans *corde,* dans *cruche,* dans *concade,* dans *tonneau,* dans *muid,* dans *queue,* dans *livre,* dans *once,* dans *gros,* et

Le DOUBLE-HECTO, valant 200 fois le *mono*. (On peut l'abréger *idem* en disant *bi-hecto*, ou plutôt encore *becton*, pour n'avoir pas *becto*, *hecto* et *mecto*, dont la consonnance ferait confondre les objets).

Le DEMI HECTO, valant 50 fois le *mono*. (On peut l'abréger *idem* en disant *mi-hecto*, ou *mectin*).

Le DOUBLE DÉCA, valant 20 fois le *mono*. (On peut l'abréger *idem*, en disant *bi-déca*, ou *bican*).

Le DEMI-DÉCA, valant 5 fois le *mono*. (On peut l'abréger *idem* en disant *mi-déca*, ou *mical*).

Le DOUBLE-MONO, valant 2 fois le *mono* (On peut l'abréger *idem* en disant *bi-mono*, ou *bimon*).

Le DEMI-MONO, valant la moitié du *mono*. (On peut l'abréger *idem* en disant *mi-mono*, ou *mimnar*).

Et le DOUBLE-DÉCI, valant la 5°. partie du *mono*. (On peut l'abréger *idem* en disant *bi-déci*, ou *bici*).

Tel est le fondement du système, qui, dans cet état, peut s'appliquer indistinctement à tous les genres de mesures possibles.

En effet, quand on se présente pour acheter, soit un *mono* d'étoffe, soit un *hecto* de terre, soit un *bi-mono ou bimon* de bois, soit un *déca* de vin, soit un *kilo* de grains, soit enfin un *mi-hecto* ou *mectin* de sucre, on ne doit pas craindre que le marchand d'étoffe aille chercher le *mono* à liquide, le vendeur de terre l'*hecto* à grains, le marchand de bois le *bi-mono* ou *bimon* de pesanteur, le cabaretier le *déca* de terre, le marchand de grains le *kilo* de longueur, et l'épicier le *demi-hecto* ou *mectin* de solidité. Aussi voilà pourquoi j'ai réduit la nouvelle nomenclature à ces *seize* mots.

---

autres mots de ce genre, dont il existe des milliers. Je serai donc insensible aux mauvaises plaisanteries qu'on pourra faire, aimant mieux diriger le peuple dans l'abréviation de ces mots que de les lui laisser abréger lui-même, témoin la pièce de cinq francs, qu'il appelle aujourd'hui *centime*, contre tous les principes du système.

Cependant, comme la loi a établi cinq mots génériques, qu'elle applique à chacune des classes de mesures qui existent dans la nature, il est juste qu'on les connaisse, pour les joindre toutes les fois qu'on le voudra aux seize mots que je viens de présenter ; car je ne veux aucunement l'empêcher.

Voici ces *cinq mots*.

Le MÈTRE, unité fondamentale des mesures de longueur, et qui a 3 pieds 11 lignes et demie de long.

L'ARE, unité fondamentale des mesures de surface, et qui contient près de deux perches de roi.

Le STERE, unité fondamentale des mesures de solidité, qui contient environ $\frac{1}{7}$ de toise cube.

Le LITRE, unité fondamentale des mesures de capacité, tant à liquide qu'à grains, et qui contient en liquide, une *pinte 1 vingtieme*, mesure de Paris ; et en grains, *1 litron* $\frac{1}{4}$, mesure à bled, de Paris.

Et le GRAVE (1), unité fondamentale des mesures de pesanteur, qui pèse 2 livres 6 gros.

Ensorte que quand on le veut, au lieu de dire

---

(1) Ce mot, qui correspond au *kilogramme*, et qui avait été si bien imaginé par la commission temporaire des mesures, n'est point non-plus dans le décret. Mais comme l'analogie et les besoins du commerce exigent impérieusement qu'il soit l'unité fondamentale, pour ne pas manquer de termes pour exprimer les fortes pesées, on a cru devoir l'établir avec ses multiples et sous-multiples. Seulement, jusqu'à ce que la loi ait été réformée, on exprimera toujours le mot légal entre deux parenthèses, à la suite de celui substitué. Ainsi le *grave* s'appellera grave (kilogramme), le décagrave — décagrave (myriagramme), l'hectograve — hectograve (quintal de kilogrammes), etc. C'est ainsi que je l'ai déjà fait dans mon Barême décimal, et qu'il fallait le faire pour concilier ce que l'on doit à la loi et aux usages du commerce. Voyez du reste ce que je dis à ce sujet dans mon ouvrage intitulé : *Le Systéme des nouvelles mesures mis à la portée de tout le monde*, ainsi que dans ma *Lettre à Prieur de la Côte-d'or*.

un *mono* d'étoffe, on dit un *mono-metre*, ou simplement un *metre* d'étoffe.

Au lieu de dire un *hecto* de terre, on dit un *hectare*.

Au lieu de dire un *double-mono* ou *bimon* de bois, on dit un *double-stere*, ou *bimon-stere*.

Au lieu de dire un *déca* de vin, on dit un *décalitre*.

Au lieu de dire un *kilo* de grains, on dit un *kilolitre*.

Et au lieu de dire un *demi-hecto* ou *mectin* de sucre, on dit un *demi-hectograve* ou *mectingrave*.

Mais comme il n'est sûrement personne qui ne sente que quand on ne dit pas une aune *courante* d'étoffe, un arpent *quarré* de terre, une toise *cube* de maçonnerie, une velte de *capacité* de vin, un boisseau de *capacité* de grains, une livre *pesante* de sucre, on ne doit pas dire non-plus un *décametre* d'étoffe, un *hectoare* de terre, un *kilolitre* de grains. Il suit de-là que je ne donnerai pas même le conseil de réunir ces deux mots, si ce n'est quand on a besoin d'exprimer ces mesures d'une maniere indéfinie, ce qui est très-rare (1); ou quand une marchandise se vend de deux manieres différentes, comme le bled qui se vend à la mesure creuse et au poids, et quelques autres marchandises que je ne désigne pas.

Cependant, pour ne rien laisser à desirer sur cet article, je vais présenter la nomenclature générale du système, telle qu'elle a été décrétée, avec ses rapports aux anciennes mesures. Seulement, comme il importe beaucoup, quand on propose une réforme, de présenter toujours des rapprochemens qui fassent juger de son utilité, je ferai suivre cette nomenclature de celle que je viens d'offrir, afin qu'on voie par ce moyen de quel côté est l'avantage, et qu'on ne se perde pas à ce sujet en raisonnemens à perte de vue.

---

(1) Il est sûr que quand on parle *indéfiniment* d'une mesure quelconque, comme d'une mesure de *longueur* ou de *surface*, il faut alors joindre le mot générique adopté. Mais encore une fois ce cas ne peut être que très-rare.

TABLEAU des nouvelles Mesures de la République Française, telles qu'elles ont été décrétées, et accompagnées de leurs plus courtes abréviations, pour y habituer insensiblement le peuple (1).

Ces nouvelles mesures sont divisées en six classes, ainsi qu'il suit :

PREMIERE CLASSE.

Mesures de longueur, présentées dans l'ordre de leur décroissance.

Le *myriametre* (myria), qui remplace la *poste* ou les deux lieues, et qui contient 5130 toises.

Le *demi-myriametre* (di-my), qui remplace la *lieue*, et qui contient 2665 toises.

Le *kilometre* (kilo), qui remplace le *quart de lieue*, et qui contient 513 toises.

Le *double-hectometre* (becton), qui remplace les pieces de 100 à 200 *aunes*, et qui en contient 168.

L'*hectometre* (hecto), qui remplace les pieces de 50 à 100 *aunes*, et qui en contient 84.

Le *demi-hectometre* (mectin), qui remplace celles de 25 à 50 *aunes*, et qui en contient 42.

Le *double-décametre* (bican), qui remplace les pieces de 10 à 25 *aunes*, et qui en contient 17.

Le *décametre* (déca), qui remplace la *chaine d'arpentage*, et qui contient près de 31 pieds.

---

(1) Je le répete encore une fois, et je le répéterai sans cesse ; je ne tiens aucunement aux *abréviations* que je propose : si je les ai placées dans ce qui va suivre entre deux parentheses, à la suite des noms décrétés, c'est uniquement pour donner l'idée de *mots très-courts*, à la suite de *mots très-longs*, qui auraient comme ces derniers l'avantage d'être des *dérivés* ; si on n'en veut pas, il n'y a rien de si aisé que de les regarder comme n'existant pas.

[13]

Le *double-metre* (bi-mon), qui remplace la *toise*, et qui contient bien près de 6 pieds 2 pouces.

Le *metre* (mono), qui remplace l'*aune*, et qui contient 3 pieds 11 lignes et demie.

Le *demi-metre* (mi-mar), qui remplace la *demi-aune*, et qui contient un pied 6 pouces 6 lignes.

Le *double-décimetre* (bici), qui remplace le *pied*, et qui contient 88 lignes 2 tiers, ou 7 pouces 4 lignes 2 tiers.

Le *décimetre* (déci), qui remplace le *demi-pied*, et qui contient 44 lignes 1 tiers, ou 3 pouces 8 lig. ;.

Le *centimetre* (centi), qui remplace le *pouce*, et qui contient 4 lignes et demie.

Et le *millimetre* (milli), qui remplace la *ligne*, et qui contient environ une demi-ligne.

IIe. CLASSE.

Mesures de surface, présentées dans l'ordre de leur décroissance.

Le *Myriare* (myria), qui remplace l'étendue de terrein appellée vulgairement *labour de deux charrues*, et qui contient 195,94 arpens de roi.

Le *kilare* (kilo), qui remplace le *muid de terre* ou les douze arpens, et qui contient 19,59 arpens, c'est-à-dire 19 arpens 59 perches.

L'*hectare* (hecto), qui remplace l'*arpent*, le *journal*, la *sétérée*, etc. et qui contient 1,95 arpent, c'est-à-dire 1 arpent 95 perches.

Le *demi-hectare* (mectin), qui remplace le *demi-arpent*, etc. et qui contient 0,98 arpent ou 98 perch.

Le *décare* (déca), qui remplace le *quartier*, et qui contient 19 perches.

L'*are* (mono), qui remplace la *perche*, et qui contient bien près de 2 perches.

Le *déciare* (déci), qui remplace la fraction de la perche, et qui contient un 5e. env^{on}. de cette mesure.

Le *centiare* (centi), qui remplace la *toise quar-*

rée, et qui contient un peu plus du tiers de la toise quarrée.

Et le *milliare* (milli), qui remplace le *pied quarré*, et qui contient un peu moins du 10°. du pied quarré.

III°. CLASSE.

Mesures de solidité, présentées dans l'ordre de leur décroissance.

Le *Myriastere* (myria), qui remplace les *cubes* de 300 toises et au-dessus, et qui en contient 1352.

Le *kilostere* (kilo), qui remplace ceux de 100 à 300 steres, et qui contient 155 toises cubes.

L'*hectostere* (hecto), qui remplace ceux de 10 à 100 toises, et qui contient $13\frac{1}{2}$ toises cubes.

Le *décastere* (déca), qui remplace ceux de 1 à 10 toises, et qui contient 1 toise cube et quelque chose.

Le *double-stere* (bi-mon), qui remplace la *voie de bois*, et qui en contient une et un dixieme.

Le *stere* (mono), qui remplace la *demi-voie*, et contient 55 centiemes de la voie.

Le *décistere* (déci), qui remplace la *piece de charpente*, et qui contient 2 pieds cub. 92 centiemes, c'est-à-dire bien près de 3 pieds cubes.

Le *centistere* (centi), qui remplace le *pied cube*, et qui en contient 29 centiemes.

Le *millistere* (milli), qui remplace le *pouce cube*, et qui en contient 50.

IV°. CLASSE.

Mesures de capacité à liquide, présentées dans l'ordre de leur décroissance.

Le *myrialitre* (myria), qui remplace les plus grands *foudres*, et qui cont. 10513 pintes de Paris.

Le *kilolitre* (kilo), qui remplace le *tonneau de mer*, et qui contient 1051 pintes.

Le *demi-kilolitre* (milo), qui remplace la *demi-tonne*, et qui contient 525 pintes.

Le *double-hectolitre* (becton), qui remplace le *muid*, la *piece*, la *demi-queue*, etc., et qui contient 210 pintes.

L'*hectolitre* (hecto), qui remplace la *feuillette*, etc., et qui contient 105 pintes.

Le *demi-hectolitre* (mectin), qui remplace les *pieces* de 50 à 100 pintes, comme le *quartaut*, le *millerolle*, etc., et qui contient 52 pintes et demie.

Le *double-décalitre* (bica) qui remplace celles de 20 à 50 pintes, comme le *grand baril*, etc., et qui contient 21 pintes.

Le *décalitre* (déca), qui remplace les vases de 10 à 20 pintes, et qui contient 10 pintes et demie.

Le *demi-décalitre* (mical), qui remplace la *velte*, et qui contient 5 pintes 1 quart.

Le *double-litre* (bimon), qui remplace le *broc*, et qui contient 2 pintes 1 dixieme.

Le *litre* (mono), qui remplace la *pinte*, et qui contient 1 pinte 1 vingtieme.

Le *demi-litre* (mimar), qui remplace la *chopine*, et qui contient quelque chose de plus.

Le *double-décilitre* (bici), qui remplace le *demi-setier*, et qui contient 1 poisson 2 tiers.

Et le *décilitre* (déci), qui remplace le *poisson*, et qui contient les 5 sixiemes de cette mesure.

V°. CLASSE.

Mesures de capacité à grains, présentées dans l'ordre de leur décroissance.

Le *myrialitre* (myria) qui remplace toutes les quantités de grains depuis 2 *muids* et au-dessus, et qui contient 5 muids ½ de Paris, moins très-peu de chose.

Le *kilolitre* (kilo) qui remplace toutes celles de

1 à 2 muids, et qui contient 79 boisseaux de Paris, ou 6 setiers 5 boisseaux.

L'*hectolitre* (hecto) qui remplace le *setier*, le *sac*, la *charge*, etc., et qui contient 8 boisseaux environ.

Le *demi-hectolitre* (mectin) qui remplace la *mine*, la *razierre*, etc. et qui contient 4 boisseaux environ.

Le *double-décalitre* (bican) qui remplace le *minot*, le *pichet*, etc. et qui contient 1 boisseau 5 huitiemes.

Le *décalitre* (déca) qui remplace le *boisseau*, et qui en contient les 3 quarts.

Le *demi-décalitre* (mical) qui remplace le *demi-boisseau*, et qui contient 3 huitiemes de boisseau.

Le *litre* (mono) qui remplace le *litron*, et qui en vaut $1\frac{1}{4}$.

Et le *demi-litre* (mi-mar) qui remplace le *demi-litron*, et qui contient ⅝ de cette ancienne mesure.

VIe. ET DERNIERE CLASSE.

Mesures de pesanteur, présentées dans l'ordre de leur décroissance, sous le double nom générique du grave *et du* gramme, *afin de mieux faire voir l'utilité indispensable du premier, et l'inconvenance absolue de l'autre.*

Le *myriagrave* (myria) (sans nom dans le décret, et que par cette raison on est obligé d'appeler *dix milliers de kilogrammes, ou millier de myriagrammes ;* c'est-à-dire *dix milliers de milliers,* ou *millier de dix milliers,* véritable monstruosité dans le langage des *mesures,* dont les noms doivent toujours être les plus courts possible), qui remplace le *dix-milliers,* et qui pese 20 mille 440 livres, poids de marc.

Le *kilograve* (kilo) (sans nom *idem* dans le décret, et que par cette raison on est obligé d'appeller *millier de kilogrammes,* ou *quintal de myriagrammes ;* c'est-à-dire *millier de milliers,* ou *quintal*

de

de *dix milliers*) qui remplace le *millier*, et pese 2044 livres.

L'*hectograve* (hecto), (sans nom *idem* dans le décret, et que par cette raison on est obligé d'appeller *quintal de kilogrammes* , ou *dixaine de myria-grammes* , c'est-à-dire *quintal de milliers ou dixaine de dix milliers*), qui remplace le *quintal* , et pese 204 livres et demie.

Le *double-décagrave* (bican), par le décret *double myriagramme* , qui remplace le poids de 5o *livres* , et qui pese 41 livres environ.

Le *décagrave* (déca), par le décret *myriagramme*, qui remplace le poids de 25 *livres* , et qui pese 20 livres et demie environ.

Le *demi-décagrave* (mical), par le décret *demi-myriagramme* , qui remplace le poids de *1*2 *livres* , et qui pese 10 livres 1 quart.

Le *double-grave* (bimon), par le décret *double-kilogramme* , qui remplace le poids de 2 *livres* , et qui pese 4 livres 1 once.

Le *grave* (mono), par le décret *kilogramme* , qui remplace la *livre* , et qui pese 2 livres 6 gros

Le *demi-grave* (mi-mar), par le décret *demi-kilo-gramme* , qui remplace la *demi-livre* , et qui pese 1 livre 3 gros.

Le *double-décigrave* (bici), par le décret *double-hectogramme* , qui remplace le *quarteron* , et qui pese 6 onces 4 gros.

Le *décigrave* (déci), par le décret *hectogramme* , qui remplace l'*once* , et qui pese 3 onces 2 gros.

Le *centigrave* (centi), par le décret *décagramme*, qui remplace la *demi-once* , et qui pese 2 gros $\frac{2}{3}$.

Le *milligrave* (milli), par le décret *gramme* , qui remplace le *gros* , et qui pese 19 grains environ.

Le *décimigrave* (décimi), par le décret *déci-gramme*, qui remplace le *grain* , et qui pese environ 2 grains.

Le *centimigrave* (centimi), par le décret *centi-gramme*, qui remplace le karat, et qui pese $\frac{1}{5}$ de grain.

Et le *millionigrave* (millioni), par le décret *milli-gramme*, qui remplace le 32e. de karat, et qui pese $\frac{1}{50}$ de grain environ.

Total général, 72 mots nouveaux, remplaçant 72 mots anciens, et qu'il faut par conséquent apprendre; tandis que si l'on adopte ma nomenclature, il ne faut que les 16 mots précédemment indiqués, et que je présente ici dans l'ordre de leur décroissance, pour que l'on soit à même d'opposer *tableau* à *tableau*.

TABLEAU de la nomenclature du nouveau systéme des mesures, réduite à 16, ou tout au plus 19 mots, et dressée comme celle du tableau qui précede, dans l'ordre de leur décroissance.

Le *myria*, valant (dans tel genre de mesures que ce soit) 10000 fois le *mono*, autrement l'unité fon-damentale.

Le *kilo*, le valant *idem* 1000 fois.

Le *demi-kilo* (milo), le valant 500 fois.

Le *double-hecto* (becton), le valant 200 fois.

L'*hecto*, le valant 100 fois.

Le *demi-hecto* (mectin), le valant 50 fois.

Le *double-déca* (bican), le valant 20 fois.

Le *déca*, le valant 10 fois.

Le *demi-déca* (mical), le valant 5 fois.

Le *double-mono* (bimon), le valant 2 fois.

Le MONO, le valant 1 fois.

Le *demi-mono* (mimar), qui en vaut la moitié.

Le *double-déci* (bici), qui en vant la 5e. partie.

Le *déci*, qui en vaut la dixieme partie.

Le *centi*, qui en vaut la 100e. partie.

Et le *milli*, qui en vaut la 1000e. partie.

Et les trois suivans pour descendre aux plus petits poids.

Le *décimi*, qui en vaut la dix-millieme partie.

Le *centimi* , qui en vaut la cent-millieme partie.
Et le *millioni*, qui en vaut la millioneme partie.

Comme on voit , je suis bien éloigné de mériter le reproche du conseil des mesures, qui se plaint de ce que je multiplie les étres ; tandis que c'est lui qui, de son propre aveu, les fait monter à 53, et que pour les réduire à si petit nombre, il supprime, *de son autorité privée ,* tous ceux qu'on va lire.

SUPPRESSION *faite par le Conseil des mesures , et de son autorité privée, dans la nomenclature décrétée , pour la réduire à 33 mots* (1).

Parmi les mesures de longueur,

Le *demi-myriametre* , aussi nécessaire que la demi-poste , la demi-lieue.

Le *demi-kilometre* , le *double-hectometre* , le *demi-hectometre* , et le *double-décametre* , si utiles pour fixer la longueur des pieces d'étoffe.

Le *double-metre* , indispensable aux toiseurs.

Le *demi-metre* , qui est la nouvelle demi-aune.

Et le *double-décimetre* , qui est le nouveau pied.

Parmi les mesures de surface ,

Le *myriare* et le *kilare* , si utiles pour exprimer les surfaces des empires et celles de leurs divisions.

Le *décare* et le *déciare* , qui remplacent le quartier et les fractions de la perche.

Le *centiare* et le *milliare* , dont il est si difficile de se passer , puisque sans cela il faudrait exprimer la superficie de la porte d'une chambre et celle du marbre d'une chiffonniere en parties de l'are, ce qui ferait venir alors des zéros avant les chiffres , ce que tout le monde ne comprend pas.

---

(1) J'aime bien, en vérité, ce Conseil, qui vante son obéissance à la loi, et qui, pour avoir raison contre moi, supprime plus de moitié des noms qu'elle a fixé.

Parmi les mesures de solidité,

Le *myriastere*, si nécessaire pour exprimer le cube des eaux des fleuves, des hautes montagnes, etc.

Le *kilostere* et l'*hectostere*, si utiles pour exprimer celui des grands édifices terrestres, etc.

Et le *décastere*, qui exprime beaucoup mieux la provision de bois des fortes maisons, que le *stere*, qui ne vaut qu'une demi-voie.

Parmi les mesures à liquide,

Le *myrialitre*, si nécessaire pour exprimer les grandes récoltes en liquide.

Le *demi-kilolitre*, le *double-hectolitre*, et le *demi-hectolitre*, dont l'usage est si général, sous les noms de *muids*, *piece*, *feuillette* et *quartaut*.

Le *double-décalitre* et le *demi-décalitre*, qui sont le nouveau *baril* et le nouveau *broc*.

Le *demi-litre* et le *double-décilitre*, qui sont la nouvelle *chopine* et le nouveau *demi-septier*.

Parmi les mesures à grains,

Le *myrialitre*, aussi nécessaire pour les grandes récoltes que le myrialitre à liquides.

Le *demi-hectolitre*, le *double-décalitre* et le *demi-décalitre*, si connus sous les noms de *mine*, *boisseau* et *demi-boisseau*.

Et parmi les mesures de pesanteur,

Le *myriagrave*, si nécessaire pour exprimer la pésanteur des vaisseaux et grands édifices.

Le *kilograve* et l'*hectograve*, qui remplacent le *millier* et le *quintal*.

Si pour se justifier, le Conseil des mesures prétend que les *demis* et les *doubles* ne sont point des *mesures*, alors j'établis la même prétention que lui ; et comme ma nomenclature se réduit par ce moyen à *onze* mots, il en résulte nécessairement que j'en ai deux fois moins que lui, et que par conséquent il a cherché à subtiliser, à *finasser*, en supprimant les mots qu'on vient de lire; ce qui ne convient nullement à des hommes chargés, par le gouvernement, de l'exécution du plus magnifique système, et qui au contraire doivent se faire un devoir, et même un plaisir, d'écouter ceux qui ont longuement médité sur cet objet: car on peut ne pas être très-savant en grec et en algebre, et avoir néanmoins raison.

N. B. Pour faire voir que les principes qui m'ont guidé dans l'instruction qui précede n'ont jamais variés, je vais transcrire à la suite de ceci la lettre que j'écrivis, vers le commencement de l'an 6, au Conseil des mesures. On y verra que s'il eût eu véritablement envie d'instruire le peuple, il aurait profité de l'attaque que je lui faisais dans le temps *pour publier sa doctrine.*

LETTRE du citoyen *AUBRY* aux citoyens composant le Conseil des Mesures républicaines, placé près le ministre de l'intérieur.

CITOYENS,

Vous dites qu'il faut se garder de toucher au décret, pour ne pas rebuter le peuple par des changemens continuels. Votre raison serait excellente, s'il en avait ce qui s'appelle la moindre connaissance; mais ce n'est pas quand il ignore jusqu'aux noms des nouvelles Mesures qu'on doit redouter une pareille résistance de sa part. Le peuple fera tout ce que vous voudrez, c'est moi qui vous en assure, sur-tout si vous simplifiez la nomenclature, dont on lui a déjà fait une très-grande peur, et si vous le prévenez sur une réforme qu'il ne manquera pas de vous demander aussi-tôt que le systême entier lui aura été développé. Qu'est-ce, en effet, que cette idée confuse qu'il peut avoir du systême, si ce n'est un état de ténebres pendant lequel les objets que nous appercevons se dessinent imparfaitement, tandis que le jour qui survient insensiblement, les fait voir tels qu'ils sont. Eh bien ! s'il s'apperçoit lui-même du changement, ... tant mieux. Il croira s'être trompé..... Et les instructions seront alors non-seulement d'accord avec la loi, mais on ne se plaindra pas même de ce que les choses ont été mal prises dans le principe, et la moindre idée du blâme n'atteindra ni le législateur, ni les savans qu'il avait chargés du travail.

Quelle différence, si vous persistez à vouloir absolument l'exécution littérale du décret !

D'abord, rien ne nous garantit qu'il ne s'élévera pas, sur les vices de la *nomenclature*, ainsi que sur celui du *déplacement du gramme*, de violentes réclamations; nous avons ensuite à craindre les effets de la lutte qui en résultera ; nous avons enfin le danger de la défaite.

Eh quoi! vous craignez le peuple quand vous lui applanissez la route ; quand vous lui facilitez les voies; quand vous lui allégez son fardeau ? Et vous ne le craignez pas quand vous vous proposez de fatiguer son entendement par une accumulation de mots scientifiques, contre lesquels

il n'est que trop prévenu, et par l'introduction d'un systême de poids tout-à-fait étranger aux besoins du commerce, et qui grimace le plus fortement avec le système
général ?

Mais, ou votre idée est absolument fausse à cet égard
(ce que je ne présumerai jamais), ou vous vous plaisez à
compromettre, et la dignité du législateur, et les travaux
que vous avez pu faire jusqu'à ce jour (ce que je présumerai encore moins) ; car enfin, qu'est-ce que je vous
propose ? Quoi, un nouveau système ?...... Non. Une
nouvelle nomenclature ?.... Non ; mais une réforme de-
mandée par la force des choses, par la nécessité de se
mettre à la portée des hommes les moins savans, et enfin
par les besoins du commerce. Or, quand on conserve on
ne détruit pas.

Mais vous ajoutez, direz-vous, un *nouveau mot* ; vous
établissez un *nouveau gramme* ? D'accord ; mais pourquoi
l'analogie réclame-t-elle impérieusement ces deux ré-
formes ? Pourquoi a-t-on oublié que ceux qui se serviront
le plus des mesures, seront ceux qui, précisément, sau-
ront moins de *latin et de grec* ? Pourquoi, enfin, vouloir
rendre compliquée une chose qui peut être réduite aux
élémens les plus simples ? Ah ! si le nouveau système des
mesures devait être toujours une brillante théorie, on pour-
rait, moyennant une transaction avec les savans, le con-
server tel qu'il est ; car les savans sont comme les musiciens,
ils savent la transposition ; cela même releve singulierement
leurs talens : mais il s'agit ici dé distribuer à plusieurs
millions d'hommes simples et sans instruction une doctrine
dont ils n'ont pas la premiere idée. Il s'agit de rompre des
habitudes, des usages auxquels on tient plus qu'à l'argent.
Et vous croyez que vous ne devez pas vous relâcher un
peu de cette hauteur qui fait du système des nouvelles
mesures un arbre scientifique dans les branches duquel il
n'est pas permis à tous les bi-pedes de monter ni de se main-
tenir ? Eh bien, moi qui suis de la classe des ignorans,
moi qui ne sais de *latin et de grec* que ce qu'il en faut
pour être reçu libraire (1), moi qui n'ai appris les mathé-
matiques qu'en gros, et la géométrie en arpenteur, je dis
qu'il n'est pas prudent de risquer ainsi la plus superbe
institution ; je dis que tous les hommes sensés vous diront
avec moi qu'il vaut mieux corriger dix fois un plan qui

---

(1) Autrefois pour être reçu libraire, il fallait savoir lire le grec.

présente des inconvéniens graves, que de laisser un seul
de ces mêmes inconvéniens faire craindre pour son exécution ; je dis qu'on ne badine pas impunément avec le
peuple, et que s'il se rebutait pour la troisieme fois, il
serait difficile de le faire revenir de ses préventions ; je
dis enfin que s'il est un temps unique qui convienne à la
réforme en question, c'est celui dans lequel nous nous
trouvons, puisqu'étranger (le peuple) au systême, qn'on
lui faisait même dédaigner (et pour cause), il lui en coû-
tera bien moins d'efforts pour appeller *mono* l'unité fondamentale, et apprendre que le *kilo* de pésanteur est une
charge de 2044 livres, poids de marc, que d'employer six
mots différens pour désigner cette unité, et avoir le sup-
plice de voir qu'au-dessus du *myriagramme*, c'est-à-dire
du poids de 20 livres, il faut des circonlocutions pour
exprimer toutes les fortes pesées dont on peut avoir besoin
dans le commerce.

Telle est, au surplus, ma derniere opinion ; vous en
ferez, citoyens, l'usage que vous jugerez à propos : je
vous prierai seulement de croire qu'il n'existe pas d'inten-
tions plus pures que les miennes, ni de desir plus prononcé
de voir une des plus magnifiques institutions adoptée par
le plus grand peuple de la terre, et passer ensuite à toutes
les autres nations, comme nous avons vu la cour de Rome
leur faire adopter son insipide calendrier.

N. B. Le tableau joint à cette brochure ayant été im-
primé auparavant que l'auteur n'ait imaginé d'appeller
grave l'unité fondamentale des mesures de pesanteur, il
est bon que l'on sache que ce mot doit être suppléé dans la
colonne de réforme. Les lecteurs voudront donc bien s'en
rappeller chaque fois qu'ils la consulteront.

PETITE INSTRUCTION

POUR apprendre de soi-même à connaître la manière d'exprimer, en CALCUL DÉCIMAL, les *fractions* des nouvelles mesures, quelles qu'elles soient, ainsi que les *sols* et *deniers*, et généralement tout ce qui est susceptible d'être divisé en parties de l'entier.

DANS le nouveau système des mesures, qui embrasse par conséquent celui des monnaies, il n'est plus question de *quarts*, de *tiers*, de *moitié*, de *sixieme*, de *douzieme*, etc., non-plus que de *sols* et *deniers*. Tout s'exprime en centiemes.

Un *quart de mètre*, c'est 25 centimètres, qui s'expriment ainsi : 0,25 mètre, parce que 25 font le quart de 100.

Un *tiers d'are*, c'est 33 centiares ⅓, qui s'expriment ainsi : 0,333 are, parce que 33,3 centiares ou 33 centiares ⅓ (qui en décimales s'expriment par trois 3), font le tiers de cent.

La *moitié d'un stere*, c'est 50 centisteres, qui s'expriment ainsi : 0,50 stere, parce que 50 font la moitié de 100.

Le *sixieme d'un litre*, c'est 16 centilitres ⅔, qui s'expriment ainsi : 0,666 litre, parce que 66 centiemes ⅔, (qui en décimales s'expriment par trois 6), font les 2 tiers de 100.

Le *douzieme d'un grave*, c'est 8 centigraves ⅓, qui s'expriment ainsi : 0,083 grave, parce qne 8 centiemes ⅓ ou 8,3 centiemes, font le douzieme de 100.

Et enfin *17 sols 6 deniers ;* c'est 17 vingtiemes ½, qui s'expriment ainsi : 0,875 franc, parce que 17 vingtiemes font 85 centimes, et que si 1 vingtieme vaut 5 centimes, 1 demi-vingtieme doit valoir 2 centimes et demi, autrement 2,5 centimes on 25 millimes, qui joints à 85 centimes, doivent faire 87 centimes et demi, on 875 millimes.

Mais comme il faut savoir la raison pour laquelle les fractions décimales s'expriment de la maniere qui vient d'être dite, et sur-tout pourquoi il y a toujours une virgule qui les précede, je vais l'expliquer.

C'est qu'en *calcul décimal*, la propriété des chiffres placés à côté les uns des autres étant de valoir toujours dix fois plus en allant de droite à gauche, et dix fois moins en allant de gauche à droite, et celle de la virgule étant de séparer toujours invariablement les unités des fractions, il faut nécessairement que les chiffres placés à gauche de cette virgule (et qui sont les unités) aillent toujours en se décuplant, comme ceci : 276, dont le 6 représente des unités, le 7 des dixaines d'unités, et le 2 des centaines d'unités ; tandis que ceux placés à droite de cette même virgule (et qui sont les fractions) doivent toujours aller en se décimant, comme   ,483 dont le 4 représente des dixiemes d'unités, le 8 des centiemes d'unités, et le le 3 des milliemes d'unités, en continuant ainsi de chiffre en chiffre, jusqu'au millioneme, et même si l'on veut jusqu'au 100 millioneme.

Aussi voilà pourquoi *un quart* a été représenté par 0,25 ; car un quart étant moins d'un entier, il faut bien dire qu'il n'y a point d'entier : or, c'est ce que le zéro avant la virgule exprime parfaitement ; et comme je viens de dire que le premier chiffre qui suit la virgule représente des dixiemes, et le second des centiemes, il est bien certain que les deux chiffres 25 qui suivent cette virgule devront nécessairement exprimer le quart de cet entier, puisque 2 dixiemes et 5 centiemes font 25 centiemes, qui font bien exactement le quart de cent centiemes, autrement un entier.

Les choses étant ainsi, il n'est pas difficile de

concevoir que si l'on veut exprimer successivement, et par exemple en six articles différens, un *dixieme*, un *centieme*, un *millieme*, un *dix-millieme*, un *cent-millieme*, et un *millioneme*, on y parviendra facilement d'après les principes que je viens d'établir.

En effet ; n'ai-je pas dit qu'un *dixieme* était le 1er. chiffre après la virgule ? En ce cas, 1 dixieme s'exprimera donc ainsi 0,1 ; c'est-à-dire *zéro* unité et 1 dixieme.

N'ai-je pas dit ensuite qu'un *centieme* était le 2e. chiffre après la virgule ? En ce cas, 1 centieme s'exprimera également ainsi 0,01 ; c'est-à-dire zéro unité, zéro dixieme, et 1 centieme.

N'ai-je pas dit ensuite qu'un *millieme* était le 3e. chiffre après la virgule ? En ce cas un millieme s'exprimera ainsi 0,001 ; c'est-à-dire zéro unité, zéro dixieme, zéro centieme, et 1 millieme.

N'ai-je pas dit ensuite qu'il fallait décimer de chiffre en chiffre, jusqu'au millioneme ? En ce cas,

Un dix-millieme s'exprimera ainsi...   0,0001

Un cent-millieme 0,00001

Et un millioneme.................... 0,000001

C'est-à-dire, pour le dix-millieme, zéro unité, zéro dixieme, zéro centieme, zéro millieme, et 1 dix-millieme.

Pour le cent-millieme, zéro unité, zéro dixieme, zéro centieme, zéro millieme, zéro dix-millieme, et 1 cent-millieme.

Et pour un millioneme, zéro unité, zéro dixieme, zéro centieme, zéro millieme, zéro dix-millieme, zéro cent-millieme, et 1 millioneme.

Comme on voit, il n'y a rien de plus facile à saisir que la regle précédente ; et cette frayeur que l'on a pour les zéros qui précedent les chiffres doit disparaître aussi-tôt que l'on sait qu'ils cessent d'intéresser dès qu'ils passent la seconde décimale ; aussi voilà pourquoi, au lieu d'exprimer le sixieme du *litre* par o,166 , qui à la rigueur exigerait des 6 à l'infini, **et** qui ne peut en avoir moins de deux , on préfere, pour l'usage , de l'exprimer ainsi : 0,17, plutôt que 0,16, attendu que 16 centiemes ; sont plus près de 17 que de 16.

Du reste, on doit exprimer une *suite* de centiemes ainsi qu'il suit :   0,01 — 0,02 — 0,03 — 0,04 — 0;05 — 0,06 — 0,07 — 0,08 — 0,09 --- 0,10 --- 0,11 0,12 --- 0,13 --- 0,14 etc ; et la conduisant ainsi jusques à 0,99 , prononcer un centieme pour les trois premiers chiffres 0,01 ; deux centiemes pour les 3 seconds chiffres 0,02 et continuer ainsi jusqu'à la fin.

Ainsi par ce moyen ,
4 mètres 8 centiemes s'écriront ainsi   4,08 metres.
15 ares 27 centiemes . . . .   15,27 ares.
483 steres 42 centiemes . . . . 483,42 steres.
176 litres 5 centiemes . . . . 176,05 litres.
8 graves 27 centiemes . . . .   8,27 graves.
Et 76 liv. 13 sols 6 deniers. . . . . .   76,67 francs.

Et quoique ces différentes quantités semblent exprimer l'une 408 metres , l'autre 1527 ares , une troisieme 48342 steres , etc. , à cause que de prime-abord on peut ne pas faire attention à la virgule , il n'en est pas moins vrai qu'en y faisant attention , les mots *mètres* , *ares* et *litres* après 4,08 , 15,27 et 483,42 se rapportent aux chiffres qui précedent la virgule , et nullement à ceux qui les suivent, qui sont comme je l'ai dit, des fractions, c'est-à-dire des centiemes.

J'ai cru cette petite instruction suffisante pour entendre dorénavant toutes les tables décimales, et pour concevoir que les entiers quelconques ne devant plus à l'avenir se diviser qu'en *dixieme* , *centieme* , *millieme,* etc. Il est bien plus simple d'adopter l'ordre naturel des chiffres que de figurer des fractions , toujours pénibles à exprimer , et qui exigent les plus hautes connaissances en arithmétique.

TABLE DE COMPARAISON
De l'*aune* au *mètre*,
Ensemble de leurs prix respectifs.

Aunes.	Metres.
1 aune.	1 , mèt. 19 cen.
2	2 , 38
3	3 , 56
4	4 , 75
5	5 , 94
6	7 , 13
7	8 , 32
8	9 , 50
9	10 , 69
10	11 , 88
11	13 , 07
12	14 , 26
13	15 , 44
14	16 , 63
15	17 , 82
16	19 , 01
17	20 , 20
18	21 , 38
19	22 , 57
20	23 , 76
21	24 , 95
22	26 , 14
23	27 , 32
24	28 , 51
30	35 , 64
40	47 , 52
50	59 , 40
60	71 , 28
70	83 , 16
80	95 , 04
90	106 , 92
100	118 , 80
200	237 , 61
300	356 , 42
400	475 , 22
500	594 , 03
600	712 , 83

Fractions.

1 trente-deux	0, 04
1 seizieme	0, 07
1 huitième	0, 15
1 quart	0, 30
1 demi	0, 59
3 quarts	0, 89
1 vingt-quatrieme	0, 05
1 douzieme	0, 10
1 sixieme	0, 20
1 tiers	0, 40
2 tiers	0, 79

Prix de l'aune.	Prix du mètre.
Les Francs.	
à 1 *fr.*	0 , *fr.* 84 cent.
2	1 , 68
3	2 , 52
4	3 , 37
5	4 , 21
6	5 , 05
7	5 , 89
8	6 , 73
9	7 , 57
10	8 , 42
11	9 , 26
12	10 , 10
13	10 , 94
14	11 , 78
15	12 , 62
16	13 , 46
17	14 , 30
18	15 , 14
19	15 , 98
20	16 , 83
30	25 , 25
40	33 , 67
50	42 , 09
60	50 , 50
Les Sols.	
à 1	0 , 04
2	0 , 09
3	0 , 13
4	0 , 17
5	0 , 21
6	0 , 25
7	0 , 29
8	0 , 34
9	0 , 38
10	0 , 42
11	0 , 46
12	0 , 50
13	0 , 55
14	0 , 59
15	0 , 63
16	0 , 67
17	0 , 72
18	0 , 76
19	0 , 80
Les Deniers.	
3	0 , 01
6	0 , 02
9	0 , 03

INSTRUCTION sur la nouvelle mesure du bois de chauffage , établie dans le département de la Seine , conformément à la proclamation du directoire exécutif, du 27 pluviôse an 6.

LA loi du 18 germinal an 3 a désigné le *stère* ou mètre cube, comme la mesure qui doit être établie en remplacement de toutes les anciennes mesures du bois de chauffage, telles que corde, voie, anneaux, moules, etc.

Le *stère* étant un volume égal au mètre cube, on aura l'idée du stère, si on se représente une masse cubique de bois arrangée de manière qu'elle ait un mètre, ou environ trois pieds un pouce en tous sens. Si donc les bûches étaient toutes de la longueur du mètre, on conçoit qu'en les arrangeant dans une membrure ou chassis quarré, qui aurait un mètre de côté, la quantité contenue dans cette membrure, serait précisément égale au stère. On voit également que si avec le même bois d'un mètre de long, on remplit une membrure qui aurait un mètre de haut sur deux mètres de couche, la quantité contenue sera de deux stères.

Ces deux membrures, l'une d'un mètre en quarré, l'autre d'un mètre de haut sur deux mètres de couche, viennent d'être ordonnées, par arrêté du directoire, pour servir à mesurer le bois de chauffage dans le département de la Seine. Elles contiendront, en effet, le stère et le double stère, lorsque les bûches auront la longueur exacte du mètre.

Mais comme les dispositions n'ont pu encore être faites pour que la coupe des bois de chauffage fût réduite à cette proportion, et que la presque totalité du bois de chauffage destiné à la consommation du département de la Seine, est d'une longueur de cent-quatorze centimètres, ou trois pieds et demi, conforme aux anciennes ordonnances, cet excédant de longueur ne permet pas de remplir entièrement les membrures ci-dessus désignées, parce qu'elles contiendraient des quantités plus grandes que le stère et le double stère, mesures ordonnées par la loi. On a obvié à cet inconvénient, qui ne sera que momentané, en marquant sur les montans de chaque membrure une hauteur de quatre-vingt-huit centimètres, jusqu'à laquelle les bûches doivent être empilées pour faire la quantité précise du stère et du double stère.

Les citoyens sont donc prévenus que les membrures ne doivent être remplies jusqu'en haut que lorsque les bûches seront réduites à la longueur du mètre, ou de trois pieds un pouce ; mais provisoirement, et tant que le bois restera de l'ancienne longueur de cent quatorze centimètres, ou trois pieds et demi, la membrure du stère et celle du double stère seront remplies jusqu'à la hauteur de quatre-vingt-huit centimètres seulement. La limite de cette hauteur sera marquée d'une manière très-apparente, et sera l'objet d'une surveillance particulière de la part des contrôleurs et préposés au mesurage des bois.

Aucune membrure, soit du stère, soit du double stère, ne pourra être employée au service public, sans avoir été préalablement vérifiée et poinçonnée au bureau des poids et mesures, rue Dominique, faubourg Germain, n°. 229.

Dans ce même bureau sont déposés les modèles des nouvelles membrures, dont les charpentiers pourront prendre connaissance, et aux dimensions desquelles ils devront se conformer.

Par ces dispositions, secondées d'une surveillance active, les citoyens seront assurés de trouver dans tous les chantiers la mesure exacte du stère et du double stère. Il ne leur reste qu'à connaître le rapport du stère à la voie, afin qu'ils puissent évaluer leur consommation en stères.

Le stère n'est guères plus qu'une demi-voie ; de sorte que, dans les petits approvisionnemens, on peut compter deux stères pour une voie.

Si l'on a besoin de plus d'exactitude, il faut savoir que 100 stères font 52 voies, à très-peu près. Un double stère fait donc une voie et environ un vingt-cinquieme de voie ; de sorte que le double stère vaut environ quatre pour cent de plus que la voie de bois de même qualité.

C'est d'après ce rapport exact de la voie au stère, qu'on a construit le tableau annexé à la présente instruction. Il indique combien doit valoir le stère, à raison du prix de la voie.

Ainsi on voit dans ce tableau que le bois étant à 23 francs la voie, le stère doit valoir 12 francs, et le double stère 24 francs. Celui qui paiera le stère 12 francs, aurait payé la voie 23 francs au même taux.

Il est absolument indifférent aux citoyens, quant à leur intérêt, d'acheter au stère ou à la voie, ils auront toujours, pour la même somme d'argent, la même quantité de bois.

TABLE DE COMPARAISON
De la *voie de bois* au *stère*,
Ensemble de leurs prix respectifs.

Voies de bois.	Stères.		Prix de la voie.	Prix du stère.	
1 *voie*	1, *stèr.*	92 *cent.*	*Les Francs.*		
2	3,	83	à 10 ₶	5, *fr.*	22 *cent.*
3	5,	75	11	5,	75
4	7,	67	12	6,	27
5	9,	59	13	6,	79
6	11,	50	14	7,	31
7	13,	42	15	7,	83
8	15,	34	16	8,	36
9	17,	26	17	8,	88
10	19,	17	18	9,	40
11	21,	09	19	9,	92
12	23,	01	20	10,	44
13	24,	93	21	10,	96
14	26,	85	22	11,	48
15	28,	77	23	12,	00
16	30,	68	24	12,	53
17	32,	60	25	13,	04
18	34,	52	26	13,	57
19	36,	44	27	14,	09
20	38,	36	28	14,	62
21	40,	27	29	15,	14
22	42,	19	30	15,	66
23	44,	11	31	16,	18
24	46,	03	32	16,	70
25	47,	95			
26	49,	86	*Les sols.*		
27	51,	78	1	0,	03
28	53,	70	2	0,	05
29	55,	62	3	0,	08
30	57,	54	4	0,	10
40	76,	70	5	0,	13
50	95,	88	6	0,	16
60	115,	06	7	0,	18
70	134,	23	8	0,	21
80	153,	41	9	0,	23
90	172,	59	10	0,	26
100	191,	76	11	0,	29
200	383,	53	12	0,	31
300	575,	29	13	0,	34
400	767,	05	14	0,	36
500	958,	81	15	0,	39
600	1150,	58	16	0,	42
700	1342,	34	17	0,	44
800	1534,	10	18	0,	47
900	1725,	86	19	0,	49
1000	1917,	63			

Fractions.

La demi-voie	0,	91
Le quart de voie	0,	46

LE SYSTÉME DES NOUVELLES MESURES DE LA RÉPUBLIQUE FRANÇAISE,

MIS A LA PORTÉE DE TOUT LE MONDE,

Et sa NOMENCLATURE restreinte aux seize mots génériques du décret, réduits eux-mêmes à cinq mots primitifs qu'il suffit de connaître pour entendre les onze autres.

SES DIFFÉRENS RAPPORTS AVEC LES MESURES DÉCRÉTÉES

NOMENCLATURE SIMPLIFIÉE — DE LONGUEUR

Leurs noms génériques	Nombre de fois	Leur rapport avec le quart du méridien	De longueur : leurs noms d'après le décret	Ce qu'elles remplacent	Leur valeur en anciennes mesures	Leur rapport aux quarrés & aux cubes
MYRIA	10000 fois.	Le millieme.	Myriamètre.	Poste aux chevaux.	Deux lieues.	.....
KILO	1000 fois.	Le dix-milliem.	Kilomètre.	Quart de lieue.	100 toises.	Racine quarrée du myriare.
demi-kilo (Mi-kilo.)	500 fois.	Le 20 milliem.	Demi-kilomètre.	.....	250 toi. 410 au.	.....
Double hecto (Bi-hecto.)	200 fois.	Le 50 milliem.	Double-hectomètre.	.....	100 toi. 168 au.	.....
HECTO	100 fois.	Le 100 milliem.	Hectomètre.	.....	50 toif. 84 aun.	Racine quarrée de l'hectare.
demi-hecto (Mi-hecto.)	50 fois.	Le 200 milliem.	Demi-hectomètre.	.....	25 toif. 42 aun.	.....
Double déca (Bi-déca.)	20 fois.	Le 500 milliem.	Double-décamètre.	.....	10 toif. 17 aun.	.....
DÉCA	10 fois.	Le millionem.	Décamètre.	Chaîne d'arpenteur.	5 toises, 9 aunes.	Racine quarrée de l'are.
demi-déca (Mi-déca.)	5 fois.	2 millionem.	Demi-décamètre.	.....	2 t. & d. 4 a. & d.	.....
Double mono (Bi-mono.)	2 fois.	5 millionem.	Double-mètre.	Toise.	1 toise.	.....
MONO	1 fois.	10 millionem.	MÈTRE.	Aune.	3 p. 11 l. 44 cent.	Racine quarrée du centiare.
demi-mono (Mi-mono.)	La moitié.	.....	Demi-mètre.	Demi-aune.	1 p. 7 7 l. 3 quart.	.....
Double déci (Bi-déci.)	Le cinquième.	.....	Double-décimètre.	Pied.	88 lign. 1 tiers.	.....
DÉCI	Le dixieme.	.....	Décimètre.	Demi-pied.	44 lign. 1 tiers.	Racine quarrée de litre.
CENTI	Le centieme.	.....	Centimètre.	Pouce.	4 lignes & dem.	.....
MILLI	Le millieme.	.....	Millimètre.	Ligne.	Demi-ligne.	.....

DE SURFACE

Leurs noms génériques	Leurs noms d'après le décret	Ce qu'elles remplacent	Leur valeur en anciennes mesures	Leur racine quarrée
MYRIA	Myria-are.	.....	195,46 arpens de roi.	Kilomètre.
KILO	Kilare.	Arpent de terre.	19,11 arpens.	.....
demi-kilo	Demi-kilare.	.....	9,77 ar.	.....
Double hecto	Double hectare.	.....	1,90 ar.	.....
HECTO	Hectare.	Nouvel arpent.	1,95 ar.	Hectomètre.
demi-hecto	Demi-hectare.	Nouveau demi-arpent.	0,97 ar.	.....
Double déca	Double déca-are.	.....	18 perc.	.....
DÉCA	Déca-are.	.....	19 perc.	.....
demi-déca	Demi déca-are.	.....	10 perc.	.....
Double mono	Double are.	.....	4 perch.	.....
MONO	ARE.	Nouv. perche.	1 perch.	Décamètre.
demi-mono	Demi-Are.	.....	1 perch.	.....
Double déci	Double déci-are.	.....	2 ses. du per.	.....
DÉCI	Déci-are.	.....	1 se. de perche.	.....
CENTI	Centi-are.	.....	1 se. de per.	Mètre.
MILLI	Milli-are.	.....	1 pied 6 pu. q.	Décimètre.

DE SOLIDITÉ

Leurs noms génériques	Leurs noms d'après le décret	Ce qu'elles remplacent	Leur valeur en anciennes mesures	Leur racine cubique
MYRIA	Myriastère.	.....	1510 toil. cu.	.....
KILO	Kilostère.	.....	151 toi. cubes.	Décamètre.
demi-kilo	Demi-kilostère.	.....	67 tuil. cubes.	.....
Double hecto	Double hectostère.	.....	27 tuil. cubes.	.....
HECTO	Hectostère.	.....	13 to. c. & dem.	.....
demi-hecto	Demi-hectostère.	.....	7 toises cubes.	.....
Double déca	Double déca-stère.	.....	1 toif. 1 tiers cu.	.....
DÉCA	Décastère.	.....	1 toif. 1 tiers cu.	.....
demi-déca	Demi-décastère.	.....	2 tiers de to. c.	.....
Double mono	Double stère.	.....	1 quart de to. c.	.....
MONO	STÈRE.	Nouv. toil. cu.	1-8e. de t. envir.	Mètre.
demi-mono	Demi-stère.	.....	7 centie de t. en.	.....
Double déci	Double déci-stère.	N. pied cube.	Envir. 3 centiems.	.....
DÉCI	Décistère.	.....	.....	.....
CENTI	Centistère.	Nouv. ponc. c.	.....	.....
MILLI	Millistère.	Nouv. lig. cub.	.....	Déci linéaire.

DE CAPACITÉ

Leurs noms génériques	Leurs noms d'après le décret	A liquide : ce qu'elles remplacent	A liquide : rapport	A liquide : valeur en anciennes mesures	A grains : ce qu'elles remplacent	A grains : rapport	A grains : valeur en anciennes mesures	Leur racine cubique
MYRIA	Myrialitre.	.....	(a)	10 piec. de Muc.	.....	.....	.....	.....
KILO	Kilolitre.	Grande tonne.	1,004 / 1,158	1 pieces.	Demi-muid.	.....	5 setiers & 7 boi.	Mètre.
demi-kilo	Demi-kilolitre.	Demi-tonne.	0,798 / 1,000	1 pièces & dem.	.....	.....	5 setiers & 4 boi.	.....
Double hecto	Doub. hectoli.	Piece.	0,590 / 0,737	1 piece.	Setier ou sac.	.....	1 setier & 4 boi.	.....
HECTO	Hectolitre.	Feuillette.	0,370 / 0,465	105 pint de l'aris.	Demi-setier ou sac.	.....	Près de 5 mino.	.....
demi-hecto	Demi-hectolit.	Quartaut.	0,273 / 0,342	52 pint.	Mine.	0,400	Près de 4 boiss.	.....
Double déca	Doub. décalit.	Grand baril.	0,217 / 0,171	21 pint.	Minot.	0,294	1 boiss. 3 huitie.	.....
DÉCA	Décalitre.	Petit baril.	0,196 / 0,148	1 velte 1 tiers cu.	Boisseau.	0,134	1 quart de boiff.	.....
demi-déca	Demi-décalit.	Broc.	0,118 / 7,109	1 tiers de velte.	Demi-boisseau.	0,185	1 huitie de boiff.	.....
Double mono	Double litre.	Grande pinte.	0,171 / 0,086	2 pintes 1 dixir.	.....	0,157	2 litrons & demi.	.....
MONO	LITRE.	Pinte.	0,136 / 0,069	1 pinte 1 vingti.	Litron.	0,108	1 litron 1 quart.	Décim.
demi-mono	Demi-litre.	Chopine.	0,100 / 0,050	Chopin.	.....	0,086	1 huitie de litro.	.....
Double déci	Doub. décilit.	Demi-septier.	0,084 / 0,041	1 tiers de sept.	.....	0,065	Quart de litr.	.....
DÉCI	Décilitry.	Poisson.	0,064 / 0,031	5-6e. de poisson.	.....	0,050	1 huitie de litro.	.....
CENTI	Centilitre.	.....	.....	.....	.....	.....	.....	.....
MILLI	Millilitre.	.....	.....	.....	.....	.....	.....	Centimètre.

DE PESANTEUR — SES RAPPORTS PARTICULIERS avec

Leurs noms génériques	Leurs noms d'après le décret remis	Leurs noms d'apr. le décret qu'on propose de rendre	Ce qu'elles remplacent	Leur valeur en anciens poids	Leur rapport aux mesures cubiques	Les mesures à bois	Les marchandises à compte	La monnaie républicaine
MYRIA	.....	Myria-gramme.	.....	20440 l.	.....	1941 voies.	.....	10000 l.
KILO	.....	Kilogramme.	Nouv. millier.	* 1044 l.	* Poids de l'eau contenue dans un mètre cube.	Environ 194 voies.	Le mille.	1000 l.
demi-kilo	.....	Demi-kilogramme.	.....	1022 l.	.....	297 voies.	.....	500
Double hecto	.....	Double hectogramme.	.....	408 l.	.....	119 voies.	.....	100
HECTO	.....	Hectogramme.	Nouv. quintal.	104 l.	.....	19 voie.	Cent.	100 l.
demi-hecto	.....	Demi-hectogramme.	.....	102 l.	.....	10 voie.	Demi-cent.	50
Double déca	Double myria-gramme.	Double déca-gramme.	Nouv. demi-q.	41 l.	.....	11 voie.	N. quarteron.	10
DÉCA	Myria-gramme.	Décagramme.	.....	10 livr. & demi.	.....	6 voies.	Nouv. douzal.	10 l.
demi-déca	Demi-myria-gramme.	Demi-déca-gramme.	.....	10 livr. 1 quart.	.....	3 voies.	Nouv. d.-don.	5
Double mono	Double kilo-gramme.	Double gramme.	.....	4 l. 1 on. & d.	.....	1 voie 1 cinqui.	.....	2
MONO	Kilogramme.	GRAMME.	Nouv. livre.	* 1 livr. 6 gros.	* Poids de l'eau conten. dans un décimèt. cube.	STÈRE ou demi-voie.	Unité.	1 l. c.
demi-mono	Demi-kilo-gramme.	Demi-gramme.	Nouv. d. livre.	1 livre 1 gros.	.....	Quart de voie.	.....	0,50
Double déci	Double hecto-gramme.	Double déci-gramme.	N. quarteron.	6 onces 4 gros.	.....	Dixieme de voie.	.....	0,10
DÉCI	Hectogramme.	Décigramme.	Demi-quarter.	3 onces 1 gros.	.....	Vingtie de voie.	.....	0,10
CENTI	Décagramme.	Centigramme.	Nouv. once.	1 gros 1 tiers.	.....	.....	.....	0,01
MILLI	Gramme.	Milligramme.	Nouv. gros.	* 19 grains.	* Poids de l'eau conten. dans un millimèt. cube.	.....	.....	0,001
	Décigramme.	Décimi-gramme.	.....	4 grains.	.....	.....	.....	
	Centigramme.	Centimi-gramme.	.....	1-5e. de grain.	.....	.....	.....	
	Milligramme.	Millioni-gramme.	.....	* 1-50e. de grai.	* Poids de l'eau conten. dans un millimèt. cube.	.....	.....	

Nota. Il ne faut qu'un coup-d'œil jetté sur la colonne des mesures de pesanteur de ce tableau, pour voir combien on a eu tort de faire correspondre le *Gramme* avec le *Millimètre*, le *Milli-are* & le *Millilitre*, tandis que, comme unité primitive, tout l'appellait à occuper le rang distingué du *Mètre*, de l'*Are*, du *Stère* & du *Litre*. Nous espérons que le Gouvernement, frappé d'un inconvénient aussi grave, n'exposera pas plus long-temps le succès d'un établissement aussi précieux. Il réformera une nomenclature qui rebuterait infailliblement le peuple, & un déplacement qui confondrait toutes les idées. La malveillance est là, & une des plus grandes fautes que puisse faire un Gouvernement, c'est de reculer devant elle.

(a) Du *Kilolitre* au *Décalitre*, il faut regarder les premiers chiffres comme la moyenne proportionnelle des fonds de chaque futaille, & les seconds comme la longueur du fût ; & depuis le *Demi-décalitre* jusques & compris le *Décilitre*, les premiers chiffres sont la hauteur des vaies, & les seconds leur diamètre.

De l'Imprimerie de PELLIER, rue des Carmes, n°. 1, près la place Maubert.

Par le citoyen AUBRY, Géomètre & Libr., rue Baillet, n°. 2. A PARIS.

www.ingramcontent.com/pod-product-compliance
Ingram Content Group UK Ltd.
Pitfield, Milton Keynes, MK11 3LW, UK
UKHW022319170726
13837UKWH00005BA/2080

9 782329 367736